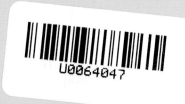

中國海洋夢

臥龍南海

鍾林姣 ◎編著
盧瑞娜 ◎繪

中 華 教 育

我是中國南海，有東沙羣島、西沙羣島、中沙羣島和南沙羣島等。我在中國大陸的南方，是中國三大邊緣海之一。

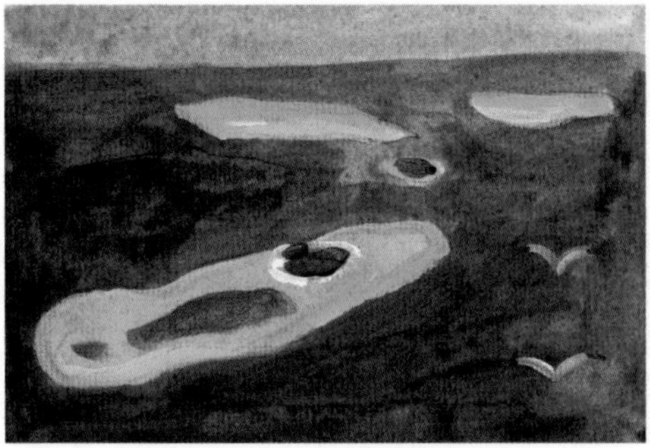

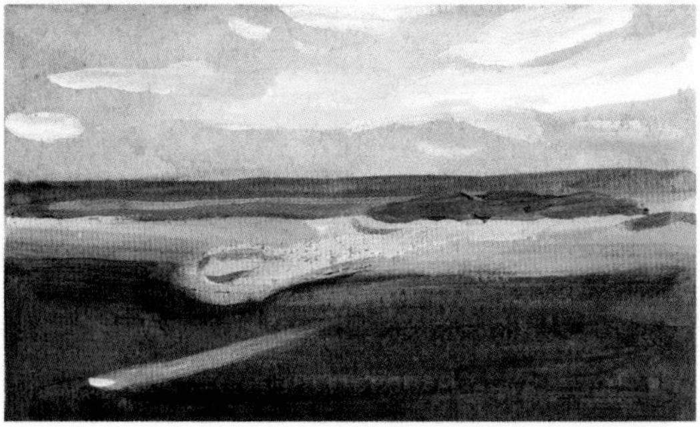
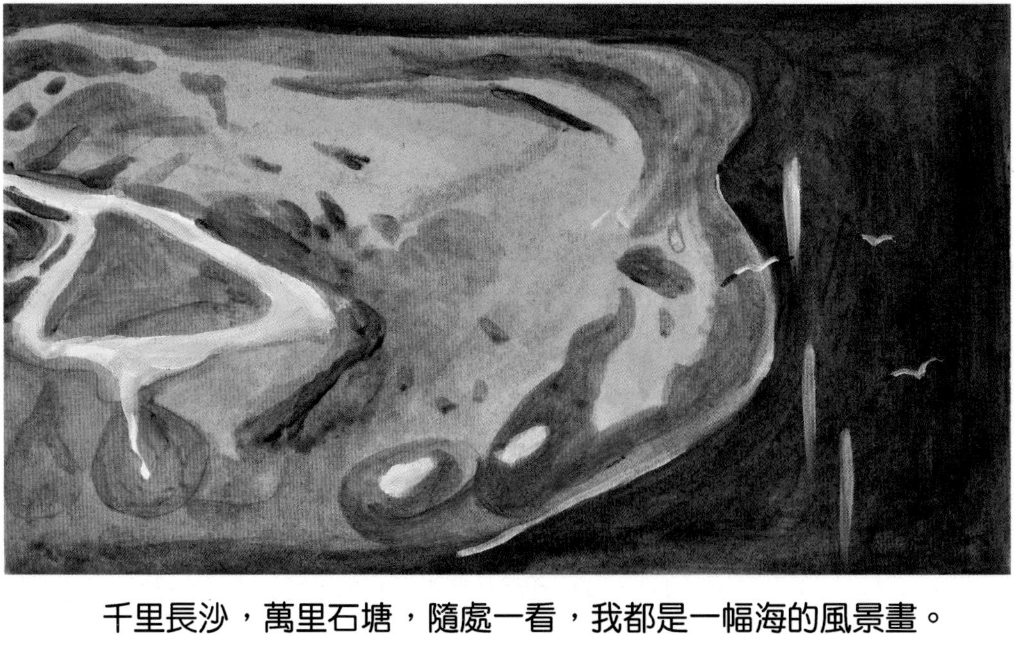

千里長沙，萬里石塘，隨處一看，我都是一幅海的風景畫。

我曾經有許多的名字，在《山海經》《異物志》等古書中，有的稱我為「朱崖海」，有的稱我為「漲海」，有的稱我為「長沙海」……

不管名字如何變化，我一直是我。

西漢時期，中國人開始在南海航行，我第一次出現在漢代中國的地形圖上。

相信很多人都聽過一個傳說：南海水中有鮫人，像魚一樣生活，善於紡織，眼裏流出的淚會變成珍珠。

不要問我這個傳說是真是假，我不會說出答案哦。

我是古代「海上絲綢之路」的必經之地，商船把中國的絲綢、瓷器等運送到國外，從而聞名於世界。

明代偉大的航海家鄭和，曾率領龐大的船隊七次下西洋經過我這裏，訪問了海外三十多個國家和地區，讓明朝的威名遠播海外。

鄭
鄭

南沙羣島中的鄭和羣礁，就是為了紀念鄭和而命名。

由於我的海底珊瑚礁盤密集，古代經常有商船觸礁沉沒，因此我的海底留存了許多的文物。

迄今為止，世界上發現的海上沉船中年代最早、船體最大、保存最完整的遠洋貿易商船「南海I號」，帶着大量文物在我這裏沉睡了八百多年。

「南海I號」被整體打撈出水的那天，我和它擁抱告別。

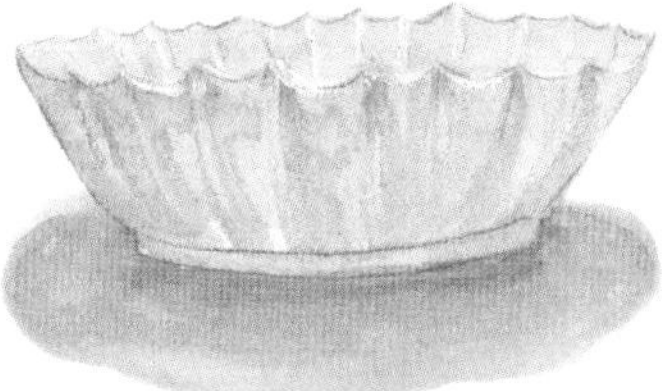

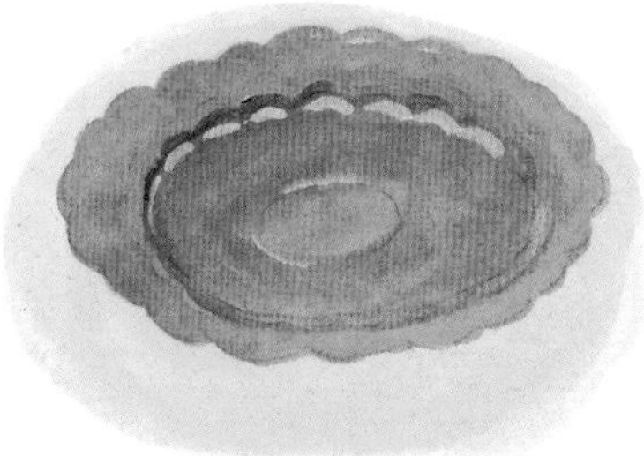

　　它能浮出水面，讓世人看到它滿船的文物，真為它感到高興。

全國重點文物保護單位
甘泉島遺址
中華人民共和國國務院公佈
二〇〇六年五月二十五日
海南省人民政府立
二〇〇六年十一月三十日

我有三十多處重要文物，其中甘泉島遺址是唐宋時期漁民居住遺址，是中國最南端的全國重點文物保護單位。

在古代，我見證了「海上絲綢之路」的繁華。

現在，我是中國重要的戰略運輸生命線，是中國聯繫東南亞、南亞、西亞、非洲的重要樞紐，是太平洋與印度洋之間的海上走廊。

我的航道是世界最繁忙的航道之一，
有三十多條世界交通航線通過我的海域，
每年有四萬多艘船舶通過。

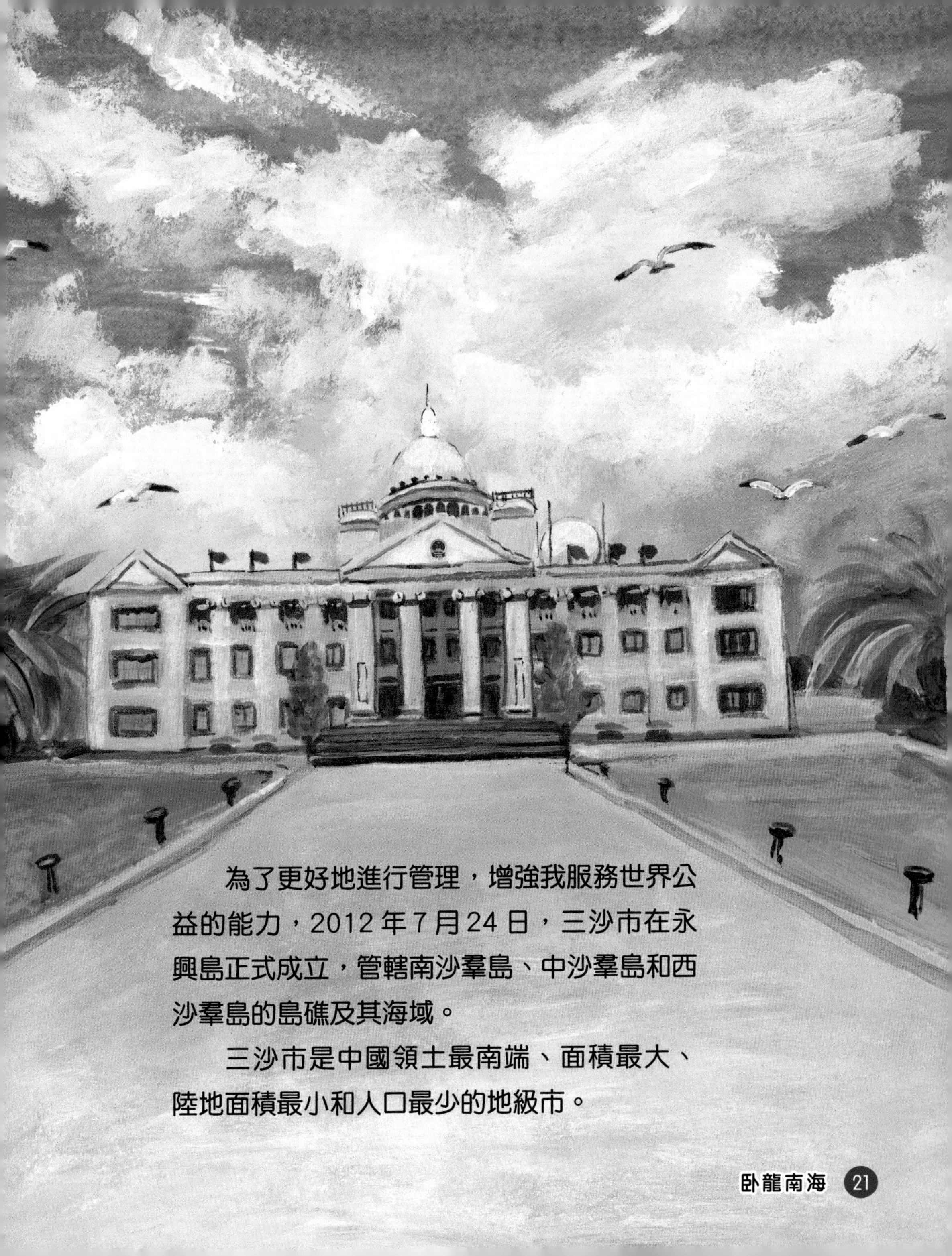

為了更好地進行管理，增強我服務世界公益的能力，2012 年 7 月 24 日，三沙市在永興島正式成立，管轄南沙羣島、中沙羣島和西沙羣島的島礁及其海域。

三沙市是中國領土最南端、面積最大、陸地面積最小和人口最少的地級市。

我的生物資源十分豐富，藻類植物就有上千種，出現了「海底草原」的奇景。

我這裏的魚類品種繁多，主要有馬鮫魚、石斑魚、金槍魚等。

西沙羣島的東島是海鳥的天堂，生活在我這裏的鳥類有四十多種。

有一種鳥名叫白鰹鳥，牠們的生活很有規律，早上飛到海上覓食，晚上歸巢。漁民可以根據牠們的飛行方向確定航向和島嶼位置，所以牠們又被稱為「導航鳥」。奇妙吧！

我不但生物資源豐富，而且我的海底有着大量的金屬礦產和非金屬礦產資源。

我蘊藏着大量的可燃冰，我是世界上主要的沉積盆地之一，是中國最大的海洋石油和天然氣的儲存區。

要是能把我的能源有效地拿出來使用，我就能為中國和世界的發展貢獻力量，這也是我的夢想。

讓我欣喜的是，有個大計劃正在實施，我的海底正不斷地在鋪設管道，到時候，我的能源就能通過管道運送出去。

相信不需要太久，我的夢想就能實現。

看，管道鋪設好以後，是不是很像臥在海底的海洋巨龍？

中國最南端的城市 — 三沙市

三沙市於2012年7月24日正式揭牌成立，隸屬海南省，管轄南沙羣島、中沙羣島、西沙羣島的島礁及其海域。它是中國位置最南、面積最大、陸地面積最小及人口最少的地級市。同時啟用新郵編、新郵戳，銀行、醫院等各機構換牌。三沙市由280多個島、沙洲、暗礁、暗沙和暗礁灘及其海域組成，陸海面積約200萬平方公里。

2015年10月21日，永樂羣島晉卿

島、羚羊礁兩座燈塔順利完成建設工作。燈塔作為一種固定的航標，可以引導船舶航行或指示危險區域，方便船舶通行，為島礁漁民提供服務。

2015年12月，三沙市永興學校正式投入使用，結束了三沙市沒有學校的歷史。

2016年12月22日上午10時20分，從海口市美蘭國際機場起飛的一架民航客機降落三沙市永興軍民合用機場，標誌着永興機場民航公務包機航班成功首航。

中國海洋夢

臥龍南海

鍾林姣◎編著
盧瑞娜◎繪

責任編輯：梁潔瑩
裝幀設計：龐雅美
排　　版：龐雅美
印　　務：劉漢舉

出版／中華教育

香港北角英皇道 499 號北角工業大廈 1 樓 B 室
電話：(852) 2137 2338　傳真：(852) 2713 8202
電子郵件：info@chunghwabook.com.hk
網址：http://www.chunghwabook.com.hk

發行／香港聯合書刊物流有限公司

香港新界荃灣德士古道 220-248 號荃灣工業中心 16 樓
電話：(852) 2150 2100　傳真：(852) 2407 3062
電子郵件：info@suplogistics.com.hk

印刷／迦南印刷有限公司

香港新界葵涌大連排道 172-180 號金龍工業中心第三期 14 樓 H 室

版次／2022 年 1 月第 1 版第 1 次印刷

規格／16 開（206mm x 170mm）

ISBN／978-988-8760-55-8

本書繁體版由大連出版社授權中華書局（香港）有限公司在香港、澳門、台灣地區出版